Bibliografische Information der Deutschen Nationalbibliothek:

Die Deutsche Bibliothek verzeichnet diese Publikation in der Deutschen National-
bibliografie; detaillierte bibliografische Daten sind im Internet über http://dnb.d-
nb.de/ abrufbar.

Impressum:

Copyright © 2019 GRIN Verlag
Druck und Bindung: Books on Demand GmbH, Norderstedt Germany
ISBN: 9783668985544

Benjamin Kunz

Erblichkeit der analytischen Intelligenz. Bis zu welchem Grad sind unsere kognitiven Leistungen genetisch determiniert?

GRIN Verlag

Benjamin Kunz
Seminarkurs, Neurobiologie

Erblichkeit der analytischen Intelligenz:
Bis zu welchem Grad sind unsere kognitive Leistungen genetisch determiniert?

Gliederung

1.Einleitung

Seit Jahrtausenden schon beschäftigten sich Denker unserer Zeit mit den kognitiven Grundfähigkeiten des Menschen und wie diese zu beeinflussen sind. Schon der griechische Philosoph Platon beschrieb Intelligenz, bevor jegliche Intelligenzmessungsverfahren oder Zwillingsstudien bekannt waren, als eine im Erbgut veranlagte kognitive Intuition bestimmte Zusammenhänge in der Natur zu erkennen, um dann erlernte Prinzipien, etwa aus der Mathematik, darauf anzuwenden. Doch vor allem in der Moderne, dem Zeitalter der Automatisierung und künstlicher Intelligenz gewinnt der Begriff der Intelligenz immer mehr an Relevanz. Roboter scheinen den Menschen in zahlreichen Bereichen zu verdrängen und in einem kürzlich erschienenen „Zeit" Artikel wird ein Niedergang des menschlichen Intellekts in der westlichen Welt beschrieben[1]. Aber lässt sich der menschliche Intellekt überhaupt zuverlässig messen? Und welche Schlüsse können wir aus den Werten auf unsere Umwelt zurückführen?

Um dies zu beantworten, werde ich im folgenden Verlauf klären, ob und wie sich die Intelligenz als theoretisches Konstrukt von uns erfassen lässt. Denn nur wenn die Messmethode in der Lage ist, das zu messen was sie messen soll, kann zwischen einzelnen Individuen verglichen werden, um die Frage hinsichtlich der Erblichkeit und der Beeinflussung durch Umweltfaktoren zu beantworten. Die vorliegende Arbeit soll versuchen dies zu erläutern. Es wird zunächst der Begriff Erblichkeit erläutert, um dann auf Zwillings- und Adoptionsstudien einzugehen. Zudem wird im Gegenlicht zur Genetik ein Blick auf eine relativ junge Wissenschaft, die Epigenetik, geworfen. Abschließend wird ein abwägendes Urteil getroffen, das die Frage beantworten soll, ob wir unsere kognitiven Leistungen betreffend, ein reines Produkt unserer Gene oder der Umwelt sind.

---

[1] https://www.zeit.de/2019/14/intelligenzquotient-hirnforschung-messwerte-bildung-gene-konzentration

2. Die Intelligenz und wie sie gemessen wird

Dass die Intelligenz die Psychologie spaltet wie nur wenige Themen, zeigt sich bereits bei der Suche nach einer grundlegenden Definition. Aufgrund der vielen unterschiedlichen Interpretationen des Begriffs[2], lässt sich bis heute schlichtweg keine allgemein gültige Definition verfassen, die keine Einwände aus verschiedenen Bereichen der Intelligenzforschung hervorrufen würde. Da jedoch eine Einbeziehung jeglicher Interpretationen der Intelligenz den Rahmen meiner Arbeit bei weitem überschreiten würde, werde ich mich in dieser Arbeit mit der Erblichkeit der Intelligenzaspekte auseinandersetzen, die den Begriff auf das für meine Arbeit wesentliche begrenzen. Die Intelligenz wäre demnach die Fähigkeit Zusammenhänge zu erkennen und auftretende Probleme durch abstraktes logisch strukturiertes Denken zu lösen. Einfacher gesagt bedeutet dies, die auf das Individuum eintreffenden Umwelteinflüsse möglichst schnell und sinnvoll zu verarbeiten. In der Intelligenzforschung wird dies als Generalfaktor der Intelligenz bezeichnet. Diese Definition hat den Vorteil, dass sie sich bisher, im Gegensatz zu neueren Intelligenzformen, wie etwa der emotionalen Intelligenz, mathematisch relativ einfach und zuverlässig messen lässt. Wie zuverlässig jene Messmethode jedoch wirklich ist, ist im folgenden Verlauf zu klären.

2.1 Der IQ

Der Intelligenzquotient, kurz IQ, stellt momentan die weltweit etablierteste Messmethode der Intelligenz dar. Häufig dient er Unternehmen oder auch staatlichen Behörden als Eignungstest, wie z.B der US-Army und der Bundeswehr. In einigen Fällen, wie in dem US-Bundesstaat Florida kann durch ihn sogar über Leben und Tod eines Verurteilten Gefängnisinsassen entschieden werden[3]. Die Geschichte des IQ begann im Jahr 1905, als der französische Psychologe Alfred Binet vom französischen Erziehungsminister beauftragt worden war, eine Methode zu entwickeln, mit der sich Minderbegabung vor der Einschulung identifizieren ließe. Er wählte für seine Tests verschiedene Aufgaben, wie etwa logische Schlussfolgerungen, das Finden von Reimwörtern und das Benennen von Gegenständen aus und ließ diese von Kindern verschiedenen Alters lösen. Dadurch fand er heraus, welche Problemstellungen von den jeweiligen Altersgruppen gelöst werden können und welche nicht. Anhand seiner Ergebnisse teilte er anschließend die mentale Leistungsfähigkeit eines Menschen in ein sogenanntes „Intelligenzalter" ein. Konnte ein Vierjähriger also alle altersentsprechenden Aufgaben lösen, entsprach der seinem Intelligenzalter. Konnte er diese nicht vollständig lösen, war er weniger intelligent als der Durchschnitt in seiner Altersgruppe. Konnte er auch Aufgaben von Fünf- oder Sechsjährigen lösen, galt er als intelligenter. Die

---

[2] https://de.m.wikipedia.org/wiki/Intelligenztheorie

[3] https://www.scientificamerican.com/article/debate-on-who-is-smart-enough-to-be-executed/

Testergebnisse waren also normiert, d.h jedes individuelle Testergebnis wurde in Relation zu dem für die Gesamtheit errechneten Mittelwert betrachtet[4]. Der deutsche Psychologe und Mitbegründer der Differenziellen Psychologie William Stern griff den Begriff des Intelligenzalters im Jahr 1912 wieder auf und setzte ihn in Relation zu dem zugehörigen biologischen Alter. Als er schließlich, um anschaulichere Werte zu erhalten, den errechneten Wert mit dem Faktor 100 multiplizierte, war der erste offizielle Vorgänger des heutigen Intelligenzquotienten geboren. Dessen Formel lautete folglich:

$$\frac{Intelligenzalter}{BiologischesAlter} \times 100$$

Da das biologische Alter jedoch schneller voranschreitet als das Intelligenzalter, musste die Methodik, um sie auch bei Erwachsenen anwenden zu können, verändert werden. Dies wurde von dem US-Psychologen Lewis Terman im frühen 20. Jahrhundert erkannt, dessen darauffolgende Verbesserungen am ursprünglichen IQ, heutzutage, als Stanford-Binet-Test, den verbreitetsten IQ-Test darstellen. In jenem werden zwar weiterhin, wie es bei einem Quotienten zu erwarten ist, verschiedene Werte aus Individuellem Ergebnis und Durchschnittswerten miteinander ins Verhältnis gesetzt, das Verfahren ist jedoch aufgrund der vielen Schritte ein wenig komplexer. Zunächst wird der Rohwert, also die Anzahl der von einer Testperson in einem Intelligenztest gelösten Aufgaben in Relation zu dem Mittelwert, d.h der durchschnittlichen Anzahl der gelösten Aufgaben in der Referenzgruppe gesetzt, um eine sogenannte Abweichung der Testperson von dem Durchschnittswert der Referenzgruppe zu erhalten. Jene Abweichung wird daraufhin ins Verhältnis zu der durchschnittlichen Abweichung der Referenzgruppe, der Standardabweichung gesetzt, woraus man dann den gewünschten Wert über die kognitive Leistungsfähigkeit der Testperson im Vergleich zur Gruppe erhält[5]. Die uns bekannten IQ-Werte, d.h Zahlen von 70-130, ergeben sich lediglich aus einer abschließenden Verrechnung des eigentlichen Intelligenzquotienten mit zwei aus praktischen Gründen frei festgelegten Maßzahlen; einem Mittelwert von 100, da sich dies für Prozentrechnungen anbietet und einer Standardabweichung von 15, auf Grundlage der Gaußschen Normalverteilung. Konkret sähe die Formel zum heutigen Intelligenzquotienten folglich aus :

$$\frac{Rohwert - Mittelwert}{Standardabweichung} \times 15 + 100$$

Essentiell zum Verständnis der Aussagekraft von IQ-Tests ist, zu berücksichtigen, dass jeder errechnete IQ in Relation zu dem Mittelwert der Referenzgruppe gesehen werden muss. Ein einzelner IQ ist keine feste Naturkonstante, denn er stellt ja lediglich die Leistung des

---

[4] Dieter Zimmer 2010, S.60

[5] https://psychotherapie-rupp.com/tag/wie-berechnet-man-den-iq/

Individuums im Verhältnis zum Kollektiv an. So kann ein Gymnasiast beim Vergleich mit einer Stichprobe aus der Normalbevölkerung einen IQ von 130 aufweisen und wäre damit „hochbegabt", im Vergleich mit anderen Gymnasiasten wäre er hingegen nicht so weit über dem Mittel und hätte einen IQ von 115. Zudem können Intelligenztests nur eine Bestandsaufnahme sein und nicht das Verbesserungspotential erfassen.

2.2 Testgüte des IQ

Jede wissenschaftliche Messmethode muss bestimmte Gütekriterien erfüllen, um in der Forschung zuverlässig verwenden zu können. Diese setzen sich zusammen aus Reliabilität, Objektivität und Validität[6].

Bezüglich der Reliabilität schneidet der Intelligenzquotient trotz der Uneinigkeit über den Intelligenzbegriff erstaunlich gut ab. So verzeichneten die Psychologinnen Nancy Bayley und Mary C. Jones in einer 1941 veröffentlichten Studie, dass IQ Werte von Kindern des 18. Lebensjahres um den Faktor 0.77 mit den IQ Werten korrelierte, die sie im Alter von 6 Jahren erreicht hatten. Nachdem kurzfristige Schwankungen in die Rechnung mit einbezogen wurden, erreichten die Werte zwischen 11,12 und 13 Jahren sogar eine Korrelation von 0.96 mit den Werten des 18. Lebensjahrs[7]. Wie in einer 2011 in „Nature" veröffentlichten Studie festgestellt, gibt es zwar bei jeder 5. Person zwischen 12 und 20 Jahren Schwankungen des IQ um bis zu 15 Punkte, diese waren jedoch in Veränderungen der grauen Zelldichte zu begründen[8].

Obwohl sie, vor allem in den 80er Jahren, für unzureichende Objektivität in den Vereinigten Staaten angegriffen wurden, ist die Behauptung IQ Tests seien für eine bestimmte Bevölkerungsgruppe „zurechtgeschnitten" erwiesenermaßen falsch. Als Beispiel lässt sich dafür der Fakt nennen, dass die mutmaßlich im Test aufgrund kultureller Unterschiede benachteiligten Gruppen, gerade in den kultur- und bildungsneutralen Aufgabenbereichen schlechter abschnitten als in denen, die Allgemeinbildung präferierten[9]. Es liegt näher zu vermuten, dass die in den Ergebnissen „benachteiligten" Bevölkerungsgruppen, wie die Afroamerikaner, deshalb schlechter abschnitten, weil sie in den Vereinigten Staaten der 60er Jahre herben Restriktionen im Bildungswesen ausgesetzt waren.

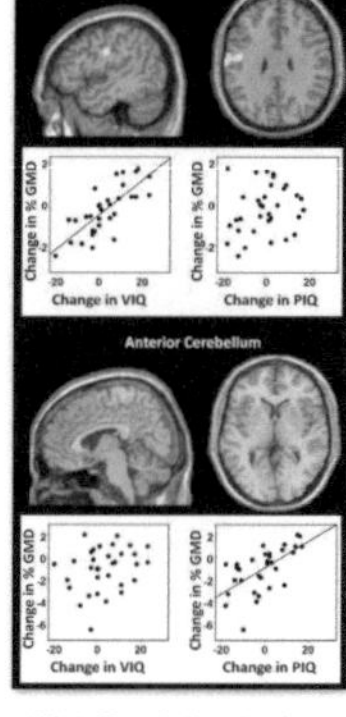

Abb.1: Korrelation ziwschen Zunahme von Gehirnmasse und Intelligenzschwankungen

Quelle: Ramsden/...Price 2011 [NATURE]

---

[6] https://wirtschaftslexikon.gabler.de/definition/testguetekriterien-49637

[7] Neisser 1996, S.81

[8] Ramsden/...Price 2011

[9] Jensen 1981, S. 139

Um die Validität von IQ Tests zu beurteilen, wird die Vorhersagekraft des Intelligenzquotienten im Bezug auf verschiedene Merkmale, die von Intelligenz abhängig sind, z.B beruflichem Erfolg, betrachtet. So liegt etwa die Korrelation von IQ und schulischem Erfolg im Fach Mathematik bei ungefähr 0.49[10], zwischen beruflicher Leistung und IQ besteht eine Korrelation von 0.51[11]. Eine hohe Korrelation bedeutet jedoch keinesfalls, dass Werte wie die Schulleistung zu 100 % durch den IQ determiniert ist. So wie große Kinder ja auch nicht zwangsläufig professionelle Basketballspieler in der NBA werden, hängt auch der schulische und berufliche Erfolg natürlich von zahlreichen anderen Faktoren, wie Motivation oder Komunikationsbereitschaft ab. Der IQ bietet lediglich einen begrenzten und doch verlässlichen Indikator für „Erfolg".

Da der IQ also alle 3 Gütekriterien erfüllt, kann er im folgenden Verlauf als zuverlässige Messmethode zur generellen Intelligenz verwendet werden.

2.3 Einwände

Einer der Hauptkritikpunkte jeglicher Messmethoden der Intelligenz verweist auf den Fakt, dass jede Person den IQ-Test mit unterschiedlicher Herangehensweise ablegt. Personen mit erwartet hohem IQ, aber geringerer Motivation, erreichen im eigentlichen Test oft Ergebnisse unter ihren Fähigkeiten. Sie werden „underachiever" genannt. Ein Beispiel dafür ist der Nobelpreisträger Richard Feynman, der als einer der großen Physiker des 20. Jahrhunderts gilt, mit einem IQ von 124 jedoch unter dem Durchschnitt der Physik-Studenten seiner Generation lag[12]. Zur Messung von Hoch- und Minderbegabung eignen sich IQ Tests also nur bedingt. Hinzu kommt die Tatsache, dass die Referenzmenge im Bereich der extremen Hoch-und Minderbegabten so klein wird, dass sie kaum mehr als Referenz gesehen werden kann. Die Messung des IQ macht also am ehesten Sinn, wenn man sich auf Daten aus der Mitte der Gesellschaft (Werte von 70-130 Punkten) beruft. Zudem steht eine Definition des allgemeinen Intelligenzbegriffs bislang aus, es werden sogar vermehrt Stimmen laut, die der emotionalen Intelligenz eine höhere Rolle als bisher gedacht zuschreiben, wodurch der IQ, der soziale Intelligenz ausschließt, zusätzlich an Gültigkeit einbüßt[13].

---

[10] Preckel/Brüll 2008, S. 74

[11] Schmidt&Hunter, 2004

[12] https://de.m.wikipedia.org/wiki/Kritik_am_Intelligenzbegriff

[13] https://www.bazonline.ch/leben/gesellschaft/emotionale-intelligenz-ist-arbeitgebern-oft-wichtiger-als-iq/story/16689085

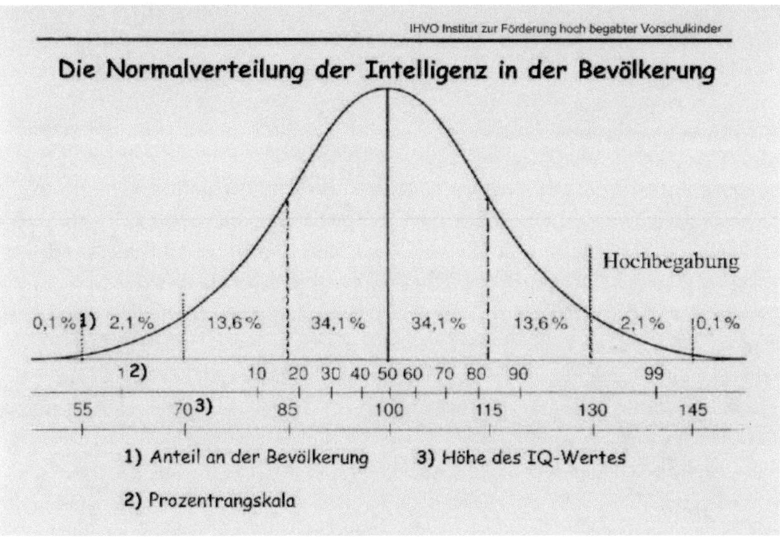

Abb.2 : Die Normalverteilung der Intelligenz
Quelle: http://www.ihvo.de/200/normalverteilung-der-intelligenz/

3. Anlage oder Umwelt?

Die Verhaltensgenetik ist aufgrund ihres philosophischen Potentials und ihrer Kontroversität eines der spannendsten Themen der Entwicklungspsychologie. Vor 2300 Jahren schon stellte sich Aristoteles die Frage, wieso der Kuckuck, als artfremder Nestling Laute ausstößt, die den Lauten eines Kuckucks entsprechen und nicht denen seiner Zieheltern[14]. Dies stellt die grundlegende Frage der Verhaltensgenetik dar: Ist Verhalten angeboren oder wird es erworben? Schon im frühen 20. Jahrhundert spalteten sich die Meinungen der Forscherwelt zu dieser Frage in zwei Lager: Auf der einen Seite die sogenannten Nativisten, wie etwa Lorenz und Tinberg, die von einer Dominanz des Erbguts überzeugt waren und auf der anderen Seite die Behaviouristen oder Pädagogen, wie Watson und Skinner, die von der Vorherrschaft der Umweltfaktoren überzeugt waren. In den 1970er Jahren geriet auch die menschliche Intelligenz, insbesondere als Folge von den Erblichkeitsschätzungen Arthur Jensens ins „Kreuzfeuer" der Nativisten und Behaviouristen. Dabei wurde der Begriff der Erblichkeit jedoch häufig, sowohl in den Medien, als auch von Wissenschaftlern falsch verwendet und als Naturkonstante gewertet. Dies führte dazu, dass zahlreiche wissenschaftliche Artikel und Meinungen ihre Aussagekraft verloren. Um dieses Problem zu vermeiden, möchte ich nun zunächst klären, was mit Erblichkeit in der Intelligenzforschung überhaupt gemeint ist.

---

[14] Neurobiologie, 2005, S.128

3.1 Erblichkeit

Die fachliche Definition von Erblichkeit, oder Heritablilität unterscheidet sich stark von der, die wir in unserer Umgangssprache benutzen. Laut einer Definition des Dudens bedeutet das Wort erblich: „durch Vererbung übertragbar"[15]. Wäre Intelligenz in diesem Sinne „erblich" hätte das verheerende Folgen. Es wären keine Verbesserungsmöglichkeiten der menschlichen Intelligenz möglich, da sie ja direkt über die Gene übertragen wäre. Tatsächlich beschreibt die Erblichkeit in der Populationsgenetik den Varianzanteil eines Merkmals, der auf genetische Unterschiede zurückgeführt werden kann[16] ,kurzgesagt die genetische Variabilität eines Merkmals innerhalb einer Gruppe. So wie der IQ von dem Mittelwert der Referenzgruppe abhängig ist, ist auch die genetische Variabilität abhängig von der umweltbedingten Variabilität. Bei gleichen Umweltbedingungen sind Intelligenzunterschiede zu 100% genetisch bedingt, bei ungleichen Umweltbedingungen würde die genetische Varianz wiederum sinken. Bei Pflanzen oder Tieren werden deshalb, um den jeweiligen Variabilitätsanteil zu messen, die Umwelt oder Erbsubstanz verändert. Da man diese Verfahren beim Menschen aus sowohl ethischen Gründen, als auch technischen Möglichkeiten nicht anwenden kann, greift man auf einen Vergleich von Adoptions- und Zwillingsstudien zurück.

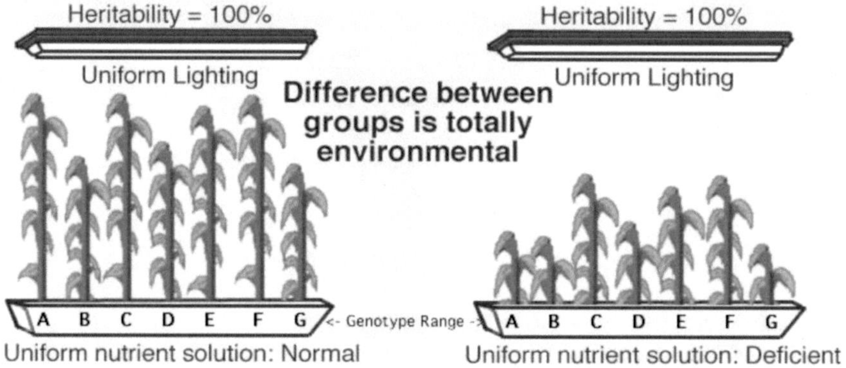

Abb. 3 Einfluss von Umweltfaktoren auf die Heritabilität

Quelle: https://en.m.wikipedia.org/wiki/File:Heritability_plants.png

---

[15]https://www.duden.de/rechtschreibung/erblich

[16]https://www.spektrum.de/lexikon/biologie/heritabilitaet/31440

3.2 Anlagefaktoren

3.2.1 Zwillingsstudien

Da sich zweieiige Zwillinge genetisch nicht von normalen Geschwisterpaaren unterscheiden, werden in der Intelligenzforschung eineiige Zwillinge, oder Monozygoten verwendet. Diese entspringen aus der gleichen Keimzelle und haben somit eine genetische Übereinstimmung von 100%[17]. Da die genetische Variabilität dadurch auf 0 fällt, wird nun die variable Umwelt „verändert", z.B. wenn die Zwillinge durch Adoption in unterschiedlichen sozialen Umgebungen aufgewachsen sind, um auf die Auswirkungen von Umweltfaktoren zu schließen. Diese Methodik wurde und wird bis heute in der „Minnesota Study of Twins reared apart" des US-amerikanischen Psychologen Thomas Bouchard angewandt. Seine Studie ist Zwillings-und Adoptionsstudie in einem. Sein Projekt, das 1979 in die Startphase ging, beinhaltet 7 000 voneinander getrennt aufgewachsene monozygote Zwillingspaare, die in einem Abstand von 20 Jahren einem IQ Test unterzogen werden. Es ergab sich eine ungefähre genotypische Variabilität des IQ von 70%[18]. Doch eindeutig anwendbar auf den Rest der Bevölkerung sind diese Ergebnisse nicht, da selbst die getrennten Zwillinge in ähnlichen familiären Verhältnissen aufwuchsen, nämlich einer bildungsnahen Mittelschicht[19]. Nach dem Erblichkeitsmodell müsste die errechnete Erblichkeit also schätzungsweise reduziert werden, was zu den Werten von 50-80% Erblichkeit führt, die in der Wissenschaft geläufig sind[20].

3.2.2 Erkenntnisse der modernen Genetik

Um einzelne Gene zu lokalisieren, die für die Erblichkeit der Intelligenz verantwortlich sind, vergleichen Wissenschaftler die Genome der Testpersonen im Verhältnis zu den von ihnen erzielten IQ-Testwerten. Einem internationalen Forscherteam ist es im Jahr 2018 gelungen, fast 270 000 Menschen in ihren Genomen und IQ Werten zu vergleichen und daraus 1016 Gene im Erbgut zu lokalisieren, die für die Intelligenzentwicklung entscheidend sind[21]. Bislang können dadurch jedoch lediglich 4.8 Prozent der Varianz erklärt werden[22]

---

[17] http://www.biologie-schule.de/haben-zwillinge-dieselbe-dna.php

[18] http://web.missouri.edu/~segerti/1000H/Bouchard.pdf (Bouchard 1990)

[19] Jörg Blech 2010, S174/ Bouchard 1990, S.227

[20] https://www.zeit.de/2015/23/intelligenz-vererbung-iq/seite-2

[21] https://www.sciencealert.com/scientists-have-discovered-almost-1-000-new-genes-associated-with-intelligence

[22] https://www.sciencemediacenter.de/alle-angebote/research-in-context/details/news/gene-fuer-generelle-intelligenz-gefunden/

3.3 Umweltfaktoren

3.3.1 Adoptionsstudien

Konträr zu den Zwillingsstudien, bei denen genetisch gleiche Kinder in unterschiedlichen Umweltverhältnissen aufwuchsen, werden bei Adoptionsstudien Kinder aus ärmeren Verhältnissen in Umgebungen höherer sozialer Schichten beobachtet und die Korrelation zwischen IQ Werten von leiblichen Eltern, Adoptiveltern und Adoptivkind ausgewertet.
In einer umfangreichen Adoptionsstudie der französischen Psychologen Christiane Capron und Michel Duyme wurde untersucht, wie stark sich die Intelligenz von Kindern aus sehr vernachlässigenden Umweltbedingungen variieren ließe. Dafür suchten sie nach Kindern, die, aufgrund des Ausmaßes an schlechter Behandlung, behördlich von der Familie getrennt wurden. Da diese Kinder vor ihrer Adoption von den Behörden auf ihren IQ getestet wurden, konnte man sich ein ungefähres Bild machen, wie stark die IQ Werte durch die Adoption variierten. So konnte ein Kind, das aus sozial schwachen Verhältnissen in die obere Mittelschicht gelangte, seinen IQ um bis zu 19,5 Punkte steigern[23].

3.3.2 Epigenetik

Die Epigenetik bezeichnet die Beeinflussung der Aktivität der Gene durch die Umwelt. Sie wirkt damit als Bindeglied zwischen Anlage und Umweltfaktoren und stellt so die komplexe Wechselwirkung zwischen Genen und Umwelt dar. In einer Probandengruppe von 1500 Jugendlichen konnten die Psychiater Prof. Dr. Andreas Heinz und Dr. Jakob Kaminski jüngst feststellen, dass epigenetische Veränderungen auch Einflüsse auf die Leistungen in Intelligenztests haben. So schnitten Probanden, denen ein Dopaminrezeptor Gen fehlte, welches beispielsweise durch Stress unterdrückt worden war, deutlich schlechter ab als der Rest, da es ihnen an Motivation mangelte[24].

---

[23] Jörg Blech 2010 , S180

[24] https://www.gesundheitsstadt-berlin.de/epigenetik-veraendert-die-intelligenz-12672/

4. Fazit

Betrachtet man nun die wissenschaftlichen Erkenntnisse und die darin enthaltenen, teilweise enormen Gegensätze, lässt sich sagen, dass die Intelligenz als theoretisches Konstrukt durch den IQ für uns nur begrenzt veranschaulicht gemacht werden kann, das Verhältnis zwischen Genen und Umwelt beim Menschen jedoch, aufgrund jeder einzelnen individuellen Lebenserfahrung so komplex ist, dass sich kein allgemein gültiger Durchschnittswert der Erblichkeit finden lässt, der auf ein menschliches Individuum anwendbar ist. Orientiert man sich an den monozygotischen Zwillingsstudien mit den Ergebnissen einer Erblichkeit von 70%, muss man sich vor Augen führen, dass jedes Individuum unterschiedlichen, zum Teil nicht förderlichen Umwelteinflüssen ausgesetzt ist und somit verschiedene Gene, die wichtig zur Bildung der Intelligenz sind, unterdrückt werden können. Dies zeigt sich auch empirisch an den unterschiedlich hohen Erblichkeitskoeffizienten der Zwillings-und Adoptionsstudien, die abhängig von dem Sozialstatus variieren. In einer wohlhabenden Umgebung würde demnach die Erblichkeit steigen, da die Kinder ihre Gene frei „entfalten" können. Gene bieten also ein Grundgerüst oder einen Rahmen, in dem sich unsere Intelligenz, abhängig von unserer Umwelt, verschieben lässt. Wo dieser Rahmen sitzt, ist von jedem Individuum abhängig, und auch dessen Höhe, also das maximale Steigerungspotential lässt sich in den Adoptionsstudien nur bedingt mit den 19 IQ Punkte nach oben beschreiben, da wir nicht wissen können, ob für den IQ optimale Umweltbedingungen kontinuierlich gewährleistet wurden. Sorgen um einen anfangs beschriebenen Niedergang des Intellekts dürften uns als einzelne Personen also damit recht wenig betreffen, solange wir uns regelmäßig um unsere Intelligenz kümmern. Hierbei empfiehlt es sich abstrakte Bücher, wie über Philosophie und Politik zu lesen, oder auch, unter Berücksichtigung eines niedrig gehaltenen Stressfaktors, eine wissenschaftliche Seminararbeit zu verfassen.

Literaturverzeichnis:

Internetseiten:

https://www.zeit.de/2019/14/intelligenzquotient-hirnforschung-messwerte-bildung-gene-konzentration

https://de.m.wikipedia.org/wiki/Intelligenztheorie

https://www.scientificamerican.com/article/debate-on-who-is-smart-enough-to-be-executed/

https://psychotherapie-rupp.com/tag/wie-berechnet-man-den-iq/

https://wirtschaftslexikon.gabler.de/definition/testguetekriterien-49637

https://de.m.wikipedia.org/wiki/Kritik_am_Intelligenzbegriff

https://www.bazonline.ch/leben/gesellschaft/emotionale-intelligenz-ist-arbeitgebern-oft-wichtiger-als-iq/story/16689085

https://www.spektrum.de/lexikon/biologie/heritabilitaet/31440

http://www.biologie-schule.de/haben-zwillinge-dieselbe-dna.php

http://web.missouri.edu/~segerti/1000H/Bouchard.pdf

https://www.sciencealert.com/scientists-have-discovered-almost-1-000-new-genes-associated-with-intelligence

https://www.sciencemediacenter.de/alle-angebote/research-in-context/details/news/gene-fuer-generelle-intelligenz-gefunden/

https://www.gesundheitsstadt-berlin.de/epigenetik-veraendert-die-intelligenz-12672/

Bücher:

Dieter Zimmer, Ist Intelligenz erblich? 2012

Jörg Blech, Gene sind kein Schicksal, 2010

Neurobiologie Grüne Reihe

BEI GRIN MACHT SICH IHR WISSEN BEZAHLT

- Wir veröffentlichen Ihre Hausarbeit,
  Bachelor- und Masterarbeit

- Ihr eigenes eBook und Buch -
  weltweit in allen wichtigen Shops

- Verdienen Sie an jedem Verkauf

Jetzt bei www.GRIN.com hochladen
und kostenlos publizieren